电网员工情绪管理

实用手册

崔 晓 主 编
王 珏 金 霞 副主编

CHINA ELECTRIC POWER PRESS

内 容 提 要

本手册选取了40余个电网员工在日常工作、生活场景中比较常见的情绪案例，每个案例都是电网员工熟悉的场景，且每一个案例都配有分析和咨询师建议。读者可以根据每个案例的分析和建议，掌握正确的情绪管理方法。在发现情绪问题的过程中接纳自我，最后实现幸福健康的人际关系、保持良好的情绪状态。

本手册可供电网企业员工阅读使用，也可供新员工培训使用，还可供遭遇情绪困扰的社会人员阅读参考。

图书在版编目（CIP）数据

电网员工情绪管理实用手册 / 崔晓主编. —北京：中国电力出版社，2022.5（2023.1 重印）

ISBN 978-7-5198-6737-9

Ⅰ.①电… Ⅱ.①崔… Ⅲ.①电力工业—职工培训—手册 Ⅳ.① TM-62

中国版本图书馆 CIP 数据核字（2022）第 073867 号

出版发行：中国电力出版社
地　　址：北京市东城区北京站西街 19 号（邮政编码 100005）
网　　址：http：//www.cepp.sgcc.com.cn
责任编辑：穆智勇（010-63412336）
责任校对：黄　蓓　于　维
装帧设计：张俊霞
责任印制：石　雷

印　　刷：三河市万龙印装有限公司
版　　次：2022 年 5 月第一版
印　　次：2023 年 1 月北京第三次印刷
开　　本：880 毫米 ×1230 毫米　32 开本
印　　张：3.375
字　　数：62 千字
印　　数：3001—4500 册
定　　价：30.00 元

编　委　会

主　　编　崔　晓

副 主 编　王　珏　金　霞

编写成员　金建峰　方　莉　吴　亮　沈贺铭
姜树渊　李　丰　董寒宇　王　佳
王　琦　徐慎远　汤　丽　俞清霞
费旭玮　朱亦翀　张晓冬　沈梦瀛
耿晓卫　王忠秋　王　丽　孙钊栋
黄煜轩　张　介　李丹乐　沈　磊
黄晓剑　曹维珊　沈雪莹　钟景晓

前　　言

人的一生，工作时间占了人生的三分之一，对有些人而言，职场岁月可能更长。

从出生到退休，从单身到丈夫 / 妻子、父亲 / 母亲，从职场小白到专家，从基层员工到高级管理者，每个人的内心都有一座灯塔，指引着自己前进的方向。

每一个人都值得拥有一份有趣、能够带来回报和成就感的工作，一份可以运用天赋和能力的工作，一份让我们期待上班的工作，一份可以挑战自我、获得更高成就的工作。每个人也都值得拥有一个更加美好的人生、一个相知的伴侣、可爱的孩子以及一个更好的自己。

然而，人生就像海上的一叶小舟，不是一帆风顺的，而是会经历各种风浪。有时候波澜不惊，甚至有一丝无聊；有时候，随着波浪起伏而发现人生的意义，像轻盈的华尔兹舞步，跳出自己的精彩；有时候，各种方向的波浪互相冲突，形成暴风骤雨，强烈到让人喘不过气。

国网浙江湖州供电公司“四叶草”心理志愿服务团队通过调研和访谈，从电网员工身边诸多的情绪事件中挑选了四大类 40 余个较为典型的场景故事，将其编辑成册。当您有情绪困扰的时候，希望这本手册里的建议能给您一些安慰和指引，陪伴您度过难熬的日子、开始新的征程。

本书在编写过程中得到了国网浙江湖州供电公司工会、团委、各基层单位的大力支持及上海心融心理团队的专业指导，在此向他们表示衷心感谢。

由于编者水平所限，本书难免存在疏漏和不足之处，恳请广大读者提出宝贵意见和建议，以便不断修订和完善。

编者

2022 年 5 月

目　录

前　言

工作场景篇

01　工作中难免遇到有压力的时候，如何正确认识压力？　002
02　将客户的投诉变为完全满意，简直太难为人了！　005
03　新员工入职、老员工岗位调整时，如何更快速地适应新的工作环境？　007
04　站里（如变电运维站、充电站）的工作枯燥，我感到厌倦了，怎么办？　009
05　一看到财务报表、数据，我就感到心烦，而且变得爱发脾气。心情影响了身体，怎么办？　011
06　在充电站，遇到因排队等待时间过长而着急不讲道理的司机，我该怎么办？　013
07　调度员 24 小时值班的工作性质影响了睡眠，怎么办？　015
08　领导安排给我的工作总是比科室其他同事的工作要多，我感到心里不平衡！　017
09　一遇到竞赛（调考），我就莫名地感到紧张。　019
10　每次开会发言、PPT 演讲或汇报工作，我就感到很焦虑紧张，有轻微社交恐惧怎么办？　020
11　当身边同事出现消极负面情绪时，如何使自身情绪不受影响？　022

12 作为新项目的负责人，我常担心工作做不好。 024
13 我感觉好像遇到了职场 PUA，怎么办？ 025
14 新入职员工对工作产生心理落差、对未来的职业规划感到迷茫，怎么办？ 027
15 工作拖延者的困境，该如何破解？ 029

管理能力篇

01 作为一名职能部门的专职，管理协调工作太多太费力了，我该怎么办？ 034
02 我是一名主管，负责的项目很多，如何缓解我的紧张情绪？ 036
03 安全管理给我带来很大的压力，我该如何应对？ 037
04 在电力建设的政策处理或与外委施工单位的沟通中，常会遇到沟通难的困境，该怎么办？ 039
05 我的班员常不服从管理，身为班长，我该怎么办？ 041
06 当遭遇职业瓶颈时，我该怎么办？ 043
07 出现了职业倦怠，该如何应对？ 045
08 随着年龄的增长，我已经跟不上新的工作要求，我很担心。 046
09 尽管公司意识到人员结构老龄化趋势并采取了相应的策略，但企业发展仍然还会受到老龄化的影响，怎么办？ 048
10 我不懂得拒绝，应付起来又力不从心，该怎么办？ 049
11 我常常在意旁人对自己的看法，害怕出错，我该怎么办？ 051
12 工作家庭一肩挑，职场女性如何管理不良情绪？ 053

个人生活篇

01 我想了解一下如何更好地跟我的孩子相处。 056

02 我常常失眠，怎么办? 060

03 身边人（比如同学、同事、家人）有抑郁焦虑状况，我怎么办呢? 063

04 每个人都有退休的那一天，我不知道该怎么规划退休生活。 065

05 我不想结婚，可家里催婚厉害，怎么办? 067

06 如何面对感情生活困境? 例如恋人分手、离婚等。 068

07 初为父母的我们，在平衡工作与家庭关系中感到困惑与烦恼，该怎么办? 070

08 因工作性质实行轮班制，或者夫妻双方异地工作，而导致一家人聚少离多，家庭系统功能失调，怎么办? 072

09 有时我无法控制住自己的情绪，对越是亲近的人越会发脾气，我该怎么办? 074

10 婆媳关系不和谐，怎么办? 076

11 疫情期间，如何防止亲子关系“熔断”? 077

12 情绪的伪装，让我感觉好累! 079

危机事件篇

01 遭遇生活中、工作中的重大事件或危机，怎么办? 082

02 如果遇到重大健康问题，如何提升心理复原力? 084

03 每次到施工现场，总让我想起曾经目睹的一次触电场景，回避不了，怎么办？ 087

04 大型灾难发生后，我虽然不是亲历者，但也觉得无助、焦虑、抑郁，怎么办？ 089

05 后疫情时代，员工的应急心理管理该怎么做？ 090

06 疫情期间，面对突如其来的集中隔离，应该如何调整心态？ 092

附录 让心情变好的 60 件事 094

参考文献 096

工作场景篇

工作场景，顾名思义就是指在工作场所中我们经历到的一些情境，比如工作适应不良、绩效压力、人际关系复杂、工作收入、工作难题、工作量大、超负荷、考核指标重、出差加班多、工作危险性大、工作单调重复、竞争激烈、工作环境恶劣、职业发展受阻、制度不合理等等。

01　工作中难免遇到有压力的时候，如何正确认识压力？

案例呈现

有时候，我们在工作中经常会有这样的想法：

——有好多无法掌控的部分，不能完全避免差错。

——晋升后，新工作任务完全不熟，这时压力有点大。

——工作要求高，加班很常见。

——各种指标压力大。

——经常被要求写几千字的材料，有时候完全没有头绪。

——每年会有两三次突遇急事，给我带来压力。

案例分析

不同的人在不同的岗位上、不同的时期，会遭遇不同的压力源。有的时候压力源是单一的，有的时候压力源是多样的、复杂的。每个人都有自己的压力应对策略，比如为了避免差错，进行更仔细的检查；多花一点时间运动、做一顿美食、和孩

子玩、看电影、听音乐、看书；或者在需要帮助的时候求助他人，比如自己的伴侣、朋友、领导、同事等。这都是一些非常好的方法。

咨询师建议

（1）了解压力源。

压力源又称应激源或紧张源，是指任何能够被个体知觉并产生正性或负性压力反应的事件或内外环境的刺激。按照来源分为生物性压力源、精神性压力源和社会环境性压力源。

1）生物性压力源：这是一组直接阻碍和破坏个体生存与种族延续的事件，包括躯体疾病创伤或疾病、饥饿、性剥夺、睡眠剥夺、噪声、气温变化等。

2）精神性压力源：这是一组直接阻碍和破坏个体正常精神需求的内在事件和外在事件，包括错误的认知结构、个体不良体验、道德冲突及长期生活经历造成的不良个性心理特点等。

3）社会环境性压力源：这是一组直接阻碍和破坏个体社会需求的事件。分为两类：一类是纯社会性的，如重大社会变革、重要人际关系破裂、家庭长期冲突、战争、被监禁等；另一类是由自身状况，如个人精神障碍、传染病等造成的人际适应问题，如恐人症、社会交往不良等社会环境性压力源。

（2）系统化的压力管理。

第一步：对压力源做一个简单评估，包括发生了什么？它是否已经或将要对我产生不良影响？影响严重吗？我是否需要做些什么改变现状？

第二步：一旦决定要有所行动，思考以什么方式来应对更为有效，并不是所有压力源都可以直接消除或是规避，这时候学会改变自己的情绪状态也是一种合理的应对方式。根据实际情况，决定是聚焦于问题解决还是情绪调节，以下是一些可以参考的应对方式：

1）压力应对策略：目标管理，时间管理，财务管理，资源管理，认知重构，行为策略，等等。

2）放松技术：瑜伽，冥想，呼吸训练，自律放松训练。

3）身体复原：睡好觉，吃好饭，休息好，适度运动。

根据个人的压力情况，选择上述方法，可以帮助自己在面对压力的时候，有更好的状态。

第三步：采取行动之后继续保持评估，如我的办法奏效了吗？如果没有，可以尝试选用其他的办法。

以上建议是针对压力的通用应对办法，也适用于以下本手册其他有关压力的具体情境。

02　将客户的投诉变为完全满意，简直太难为人了！

案例呈现

❄ 在日常和客户打交道时，总会碰到一些有无理要求的客户，比如没有准备相关资料就要求办理过户手续，有时候这些客户还会打电话投诉。

❄ 在处理客户投诉时，一边要举证退单，另一边还要和客户沟通解释，感觉耗费心力。

❄ 公司要求把客户的投诉处理好，尽可能让客户在接到回访电话时表示满意，真的感觉还挺难的。

案例分析

长期在一线从事投诉处理或业务受理等客户服务的工作人员，累积了沟通经验的同时，也会累积一些压抑的情绪。无理的客户确实存在，他们的冒犯也会让工作人员出现一些负面的情绪。情绪不能发泄给客户，就只能先忍着，带着情绪的沟通，就有可能出现掩饰不住的情况，这种情况也极易被他人察觉，导致双方都可能带着情绪沟通，从而影响沟通的效果。

作为客户服务工作者，有效地处理情绪是非常重要的。

咨询师建议

（1）允许自己有情绪。没有情绪的是什么人？机器人！因为我们是人类，必然会有正向和负向的情绪，以及复合情绪存在，比如愤怒的背后可能是害怕，焦虑的背后可能是不确定感、担忧和不安全感。研究显示，察觉情绪更能让人从压力中恢复过来，提高工作业绩，增进管理谈判技巧，并使家庭关系更稳定。

（2）允许他人有情绪。外界的刺激会引发人们的自我保护欲望，这时候的负向情绪可能会激发非理性的观点和行为。

（3）行为可以选择。比如在公交车上和他人产生摩擦时，如果对方是比我们弱小的人，你会如何？如果对方看起来是比我们强大的人，你又会如何？同样是有愤怒的情绪，当审时度势后，我们会做出最有利于当下情境的行为选择。那么同样，在和无理客户沟通的过程中，一方面应用放松等技术来调节自己的情绪，另一方面多听少答、不与之争论，是否也是一个不错的选择？

（4）90 秒暂停法：当察觉到情绪不对的时候，先让自己停下来，可以对自己说“我有情绪，他 / 她也有情绪，同时我们也可以想办法双赢”，这样就从情绪伤害转移到问题解决的层面上了。

03 新员工入职、老员工岗位调整时，如何更快速地适应新的工作环境？

案例呈现

❉ 小王刚毕业，入职还不到一年，从学校到职场，有一点不太适应，感觉领导对自己也不是很满意，不知道怎么做才好。

❉ 小李刚从营销部门调换到人资部门，面对完全不同的工作岗位，觉得不太适应，和新同事相处也遇到了一些困难。

案例分析

我们在学校里的角色是学生，主要任务是学习，身边的小伙伴都是相处了多年的同学。而职场中，我们面临的任务性质与在校时不同。前者更多是理论学习，后者更多是行动实践，不同的环境对于我们的要求就会不太一样。老师和领导的管理风格也会有差别，同时，身边的同事也因为个性不同，而有不同的与人相处方式。

更换部门的情况有些类似，都是面临任务、情境、领导风格的变化。因此，我们需要时常觉察自身的准备是否足够充分，对环境的变化是否保持了足够的敏感。

咨询师建议

（1）思维转变：可以采取一些具有仪式感的行为或者单纯提醒一下自己，今天的我和过去的我已经不同了。过去我是学生 / 营销部员工，现在我是一名职场员工 / 人资部员工，我将面临新的环境，所以我需要有更新的态度和行为方式去帮助自己更快地适应环境。

（2）使用谦逊问询：向老同事了解工作任务、环境以及需要达成的目标。谦逊分为三类：①我们在长者和地位尊贵的人身边时感受到的谦逊；②当那些获得了令我们敬畏成就的人出现在面前时，我们感到的谦逊；③当下的谦逊，源于为了完成我们承诺的任务，我们需要依靠他人帮助时感到的谦逊。

在对话前要尽可能地摒弃偏见、清空自己，在沟通的过程中全神贯注地聆听。事实上，对方最习惯于通过你是否听懂了他回复的内容，来判断你是否真正关心他所说的内容，而非仅仅基于你的问题。你在交流中进一步提出的问题和回应，会充分地展露你的态度和动机。

谦逊的问讯如何发挥作用，还取决于对话双方沟通的目标是否一致、地位差异以及现有关系如何。询问时，我们一定要真诚。因为人类是非常敏感的生物，我们会在自身未察觉下，释放出很多信号。比如，我们是否真的愿意和同事建立良好的关系，是真诚求教还是本着其他的目的而来。

（3）工作场景中的互为支持系统：当我们做到上述步骤，就可以在工作中建立支持系统，遇到困难时，我们可以请求帮助并帮助他人，从而让自己在职场中能够感受到并肩作战、同甘共苦的感觉。

04 站里（如变电运维站、充电站）的工作枯燥，我感到厌倦了，怎么办？

案例呈现

❄ 小王是一名充电站工作人员，负责为电动汽车充电，工作内容比较单调。每天在站内来来回回要走上万步，在充电桩之间不停转，枯燥乏味，感觉很累，面对客户还要保持微笑，他感到厌倦了，真的不知道该怎么办？

❄ 小李是一名变电站值班人员，离家远，工作辛苦，常年待在变电站值班，整日面对设备，产生了厌倦情绪，觉得工作没有意思。

案例分析

站里值班员的工作负荷来自多个方面，工作强度、工作环境、自身素质、业务熟练程度，等等。人是身心一体的，在身体感觉疲劳的时候，我们的情绪也会受到影响。在岗位上产生厌倦情绪很正常，有时候稍事休息，恢复体力和精神，反而可以更好地投入工作。

咨询师建议

（1）学会做自己的主人。

随时检视自己的身体状况，如睡眠质量、饮食是否适量充足。

（2）两分钟身体放松法。

1）坐在椅子上，让椅子稳稳地承接身体的重量。双脚平放在地上，双手放在腿上，闭上眼睛，做三个深而长的呼吸。

2）从头到脚检视自己的身体，看看哪里是紧绷或者有点疲劳的，让它放松下来。想象自己是一辆车，正在补充能量。补充好能量，又可以放心地驰骋了。

3）做完上述步骤，让自己充满力量地回到当下。

（3）寻求支持。

在忙碌中，当身体感觉疲惫的时候，尝试跟领导、同事沟通，调整工作时间或在工作时间内增加间休时间。采取在合适的时间替换休息的方式，哪怕只有几分钟，恢复的力量都能支持你迎接后面的工作。

（4）保持好奇心。

在单调乏味的工作中，找到让自己好奇的点，和昨天不同的，比昨天好的地方是什么。

05　一看到财务报表、数据，我就感到心烦，而且变得爱发脾气。心情影响了身体，怎么办？

案例呈现

小沈从事财务工作。各种新系统的上线、大量的报表数据让她感到心烦。近期肝火旺，脾气大，体检发现若干指标有异常。

案例分析

随着企业精益化管理水平的逐渐提升，员工会感受到工作要求越来越高、工作压力越来越大。如果常常压抑自己的情绪，或把情绪发泄到自己亲近的人身上，那么，这些负性因子就会在身体内慢慢堆积，且以水滴石穿的力道，侵蚀我们的健康。

咨询师建议

处理好情绪，做到身心一体，平衡养生。建议采用以下几种方法：

（1）呼吸放松法。

运用腹式呼吸的方法来调节情绪。首先，找一个合适的位置站或坐好，身体自然放松；其次，慢慢地吸气，吸气的过程感到腹部慢慢地鼓起，到最大限度的时候开始呼气，呼气的时候感觉到气流经过鼻腔呼出，直到感觉前后腹贴到一起为止。

（2）音乐调节法。

借助于情绪色彩鲜明的音乐来控制情绪状态。运用音乐调节法时，应该因人、因时、因地、因心情的不同而选择不同的音乐。

（3）运动宣泄法。

心理学专家温斯拉夫研究发现，最好的情绪调节方法之一是运动。因为当人们在沮丧或愤怒时，生理上会产生一些异常现象，这些都可以通过运动方式，如跑步、打球、徒步、攀登等方式，使身体恢复原状。生理状态得到恢复，情绪也就自然正常。

（4）理智调节法。

有些消极情绪，往往是由于对事情的真相缺乏了解或者误解而产生的。这就需要进行多方了解、多角度去思考问题。当发现事情的积极意义时，消极情绪就可以转化为积极情绪。

06 在充电站，遇到因排队等待时间过长而着急不讲道理的司机，我该怎么办？

案例呈现

夏季高温，小王所在的充电站充电量猛增。 有个别司机因排队时间过长，情绪暴躁，对小王等工作人员出言不逊，不讲道理，小王和同事们觉得很委屈。

案例分析

每一个人都会产生情绪，源于他当时自身的状态、他所看到、听到、感受到的事情，以及他对该事的看法。

情绪很容易互相传染。假如顾客对你友善微笑，你会感到很舒服，假如顾客着急上火，你也会感到有压力。那我们怎么办?

咨询师建议

（1）让顾客感觉到“被你关注和重视”。

当顾客着急的时候，会觉得等待的每一分、每一秒过得特别慢。你可以通过跟顾客的眼神、语言交流，来缓解他着急的心情，比如眼神微笑示意“马上就好了，您再稍等片刻”“稍等，就轮到您了”，这样的言语关注，会让顾客觉得你“看”到他了。被你看到、被你重视的顾客，他的烦躁情绪会因此而缓解。

（2）安慰自己。

我们可以在心里安慰自己，只要按照操作流程，规范做到位，就值得鼓励自己。不被他人的情绪传染，才能更好地做好自己该做的事。

（3）多使用积极的想法应对。

对自己的内心说：“这情况很讨厌，但只是暂时的。”“这是一个机会，可以让我学习如何应对更不讲道理的顾客。”“我很厉害，我能处理这事。”

07 调度员 24 小时值班的工作性质影响了睡眠，怎么办?

案例呈现

小孙是电力调控中心的一名调度员；小钱在变电运维中心工作，是某运维站的一名值班员。他们的工作需要轮班值守。工作时间不规律，晚上也要值班，有时半夜需要去巡查，根本无法好好睡，也影响了休息日的睡眠。

案例分析

在中国，大约有 8000 万人过着晨昏颠倒的倒班生活。由于作息不符合生物节律，补觉还常受到打扰，睡眠对倒班制员工来说就成了一件需要小心维护的事。《睡眠障碍国际分类》提出了倒班相关睡眠障碍，并制定了具体的诊断标准。在一些调查中，倒班制员工半数患有睡眠障碍。

咨询师建议

虽然倒班生活会给睡眠带来一定困扰，但神经系统有种十分重要的“品质”——神经可塑性，它能够根据外界环境逐渐产生一定的适应。所以，也有很多倒班制员工并不会产生睡眠障碍。

尽管倒班生活与常规作息不同，但为了帮助神经系统适应，我们依然要保持相对稳定的作息规律，将下班后的补觉时间固定下来。到了该睡的时间就睡觉，其他时间远离卧室，避免生活节奏紊乱。

（1）白噪声助眠。

睡觉时可以播放一些机械重复、音量较小的白噪声，比如森林里的风声、远处的雷鸣声、下雨的声音，等等。

（2）体育锻炼。

坚持规律适量的体育锻炼，接班前或交班后进行约半小时的慢跑、游泳等有氧运动。

（3）饮食营养。

多吃黄瓜、西红柿、香蕉、胡萝卜，减少影响消化的动物脂肪和甜食的摄入，碳水化合物与蛋白质的最佳比例为 3 ： 1。

（4）睡前习惯。

上床前可以吃一点清淡的小点心，洗个热水澡放松，或者用 10 分钟阅读些轻松的文章。上床后立即睡觉，避免卧床使用手机等电子产品。

（5）佩戴琥珀色墨镜。

有研究发现，由于琥珀色墨镜对特定波长光线有过滤作用，睡前两小时开始佩戴墨镜有助于睡眠。

（6）就医治疗。

睡眠障碍严重者，建议就医。必要时可遵医嘱采用药物治疗。

08 领导安排给我的工作总是比科室其他同事的工作要多，我感到心里不平衡！

案例呈现

❄ 小白所在的部门有 5 名员工，他是最年轻的。他总觉得领导安排给他的工作比其他同事的要多。“为啥有的人工作轻松，我却那么忙呢？”他感觉心里不平衡。

❄ 同一科室的 2 位员工，小张常年进行科创类比赛的工作，并且花了很多时间去考证书；小钱则被领导安排了很多科室日常工作，没有时间去参加竞赛和考证。最后，小张得到了很多荣誉，拥有了很多资质证书，而小钱却什么都没有得到。小钱感觉心里很不平衡。

案例分析

当事人感到心里不平衡，应该与“竞争嫉妒”有关。因“嫉妒”产生“竞争”的想法是很正常的，健康的“竞争嫉妒”可以转换为目标导向促进行动，但感应过度的话，“竞争嫉妒”会使人陷入自我怀疑或对他人攻击，产生困扰。

每个人在缺乏客观的情况下，会把他人作为比较的尺度，来进行自我评价（这一社会比较理论是由美国社会心理学家利昂·费斯廷格在 1954 年提出来的）。

就像田忌赛马，拿自己最弱的马去和别人最好的马比赛，结果当然会输，但用自己的好马比别人的中马，用自己的中马比别人的弱马，就以 2 ： 1 胜出了。

咨询师建议

（1）与科室领导和同事沟通，把自己的想法大胆地说出来。

（2）专注于做好自己的事。比起清闲无所事事的人，也许我们有更多的机会让自己变得更有本领。

（3）用 SIFT 思考“别人的工作比我的轻松，却拿一样的钱”这件事。

1）身体感觉 (sensations)：肌肉紧张，心率加快，胸闷。

2）脑海画面（images）：别人休息的时候，我还在工作。

3）内心情绪 (feelings)：难受低落，不舒服，郁闷。

4）意识想法（thoughts）：我希望多劳多得，我希望自己能轻松一点。

通过上述思考过程，去发现当前的情况是否触发了你的某些过往经历。比如，想起了从小父母拿你与同龄人比较。无论你做得多好，永远都有“别人家的孩子”比你更好。那么，这就是在原生家庭中长期存在的对自我的负面感知。这样一联系，你对当下的感觉就会很清晰。

（4）共情自己，寻求自己的安全感。

（5）知足，是欲望的解药。

09　一遇到竞赛（调考），我就莫名地感到紧张。

案例呈现

小钱是一名入职 5 年的员工，他所在的专业几乎每年都有上级组织的竞赛（调考）。有一年，他的调考成绩不理想，给单位拖了后腿。现在，只要一遇到竞赛（调考），他就感到紧张。

案例分析

小钱面临的是考试焦虑情绪，主要表现在竞赛调考之前，出现明显诱因的心神不宁、坐立不安。导致他考试焦虑的原因是自我概念的扭曲，他对自我的评价很大程度上是建立在他人对自己的评价上。因此，他害怕如果竞赛（调考）成绩不理想，同事会瞧不起他。

咨询师建议

（1）可以借助心理援助团队，帮助他在认知层面进行干预，让他认识到，过分的紧张和焦虑与其内在压力水平有关，通过思维训练提高他的信心。

（2）就如何降低压力水平，给出一定的建议，比如通过放松训练、运动，减缓焦虑。

（3）考前做好充分准备。充分的准备可减轻焦虑，没有时间准备的情况下，可采取一种顺其自然的态度。如果过分预期考试结果，会加重考前焦虑。

10　每次开会发言、PPT 演讲或汇报工作，我就感到很焦虑紧张，有轻微社交恐惧怎么办？

案例呈现

小沈刚入职 2 年。在大学阶段，他认为主要任务是把学习搞好，因此大部分时间都花在一个人看书上。工作以后，他感到与同事交往略显困难。尤其是每次开会需要发言时，他感到别人都很轻松，而自己却总是很紧张。他尝试着挑战自己，却无法改变自己的困境，他感到很沮丧。

案例分析

从小沈呈现的状况来看，他有轻微的社交恐惧症状。其核心恐惧是害怕在别人面前，自己的表现让自己尴尬和羞辱；担心旁人会发现、注意到并嘲笑他糟糕的表现。他在觉察他人的行为和动机方面存在认知问题。

咨询师建议

（1）行为疗法。向当事人解释回避是使恐惧持续的主要原因，帮助他不断地暴露在恐惧情境（如会场）中，可以逐渐克服恐惧和焦虑情绪，因此又称为暴露疗法。

暴露疗法应注意：①与当事人达成共识；②循序渐进，如从部门小范围内部会议开始；③过程中及时进行鼓励、表扬等正向反馈。

（2）多做训练。当事人把自己“暴露在害怕场景中时”，要排除其他干扰因素，比如疲劳、睡眠不足等，学会运用缓慢呼吸方法。

（3）不对自己做消极评价，不用完美的标准要求自己，不低估自己取得的成绩，积小胜为大胜。

11 当身边同事出现消极负面情绪时，如何使自身情绪不受影响？

案例呈现

小凡所在的班组中有一位同事感到家庭和工作都不顺心，情绪状态非常消极，容易抱怨指责，且有抑郁倾向。这位同事的情绪影响了班组其他员工的心情。

案例分析

每个人身处的环境可视作一个“心理生活空间”，它包括个人内在“心理场”和被知觉的外在“环境场”。这两个“场”会影响一个人的行为和情绪。小凡受到影响的是处在这个“环境场”的同事的语言、情绪。有消极情绪的这位同事显然将工作行为和业余生活混淆，导致两个场所都带着不良情绪。

咨询师建议

（1）理解和情感支持。理解这位同事做出这些行为的前提。对于有抑郁倾向的人，很需要旁人的情感支持。情感支持一定程度能缓解这位同事心里压抑，也有利于同事之间的整体性工作。

（2）认清在工作场所发生的行为是纯粹的工作行为。

（3）有意识地和情绪消极的同事保持一定距离，且尽量照顾到对方的情绪。如果需要在同一个场所时，不作评价，倾听就好。无需思考对方的话语，以减少消极情绪传染到自己身上的机会。

12　作为新项目的负责人，我常担心工作做不好。

案例呈现

❄ 在人员密集的公共场所进行配网作业，工作难度高，工作环境复杂。小何刚成为工作负责人，常担心不能很好地完成现场管控。

❄ 小李开始做 EPC 项目总承包管理不久，岗位性质不像之前的技术岗那样可以严格按既定流程办事，且面对的客户形形色色，经常会碰到好多个“第一次”，又不好意思总是去向领导汇报，心好累。

案例分析

工作常要面临许多的问题。上述案例中当事人表现出来的担心是可以理解的，但过多的压力和挫折会毁了一个人的自信。

咨询师建议

（1）对自己的能力有清晰的认知。有了清晰明确的认知，找到相对应的方式方法，再投入工作。把这一项工作看作是一个时期当中的某个阶段而已，过于缩手缩脚和谨小慎微，会适得其反。

（2）关注自己的优点，增加自信。在纸上罗列十个优点，不论是哪方面，在从事各项工作时，想想这些优点给自己积极的心理暗示。这就是“自信的蔓延效应”。

（3）学会微笑。微笑会增加幸福感，进而增强自信。

（4）认同自己的工作，把热爱这份工作的心理因素列出来，享受工作的喜悦、客户的赞美、同事和上司的鼓励。

13 我感觉好像遇到了职场 PUA，怎么办？

案例呈现

小蔡感觉明明自己已经很努力了，但是领导还是经常批评她，否定她做的工作，但另一方面又给她布置很多工作，导致经常加班。小蔡感觉得不到认可，非常没有成就感，很丧。

案例分析

在现代生产条件下，劳动越来越不是一种重复性的体力劳动，而是一种智力的、创造性劳动。在此背景下，传统的通过用人单位规章和管理措施等控制劳动者外在劳动过程的作用开始下降，对劳动者的精神和内心进行激励和管理，激发其创造力、工作的欲望、竞争的斗志的途径更加受到重视。职场 PUA（pick up artist）指在工作环境中，上级对下级的精神控制。引发职场 PUA 的原因有很多，如现代社会企业之间的竞争更加激烈、信息技术的发展为随时联系员工提供了便利等。

本案例描述的现象不够全面和客观，不能判定是否遭遇职场 PUA。小蔡存在一定的认知偏误。

咨询师建议

（1）员工角度。

1）分清是个人能力问题还是职场 PUA 手段。管理好情绪，保持自信，要有理性的认知。

2）需要员工有明确的权利意识，敢于对职场 PUA 说不。

3）正视职场 PUA。不能选择逃避或自我怀疑，要积极地沟通，直接向领导说出自己的想法。

（2）企业角度。

企业要避免对劳动者精神和内心激励、管理的模式走向极端，要从根本上遏制职场 PUA。

1）企业应提高人力资源管理能力，建立科学、良性的激发劳动者斗志和创造力的企业文化、管理制度和策略，完善内部制度。

2）发挥企业群团组织作用，营造自由和宽松的企业文化氛围。

14 新入职员工对工作产生心理落差、对未来的职业规划感到迷茫，怎么办？

案例呈现

❄ 小吴是输电运检中心的一名新员工，刚毕业的他对于技能实训中的登高作业比较害怕，因此产生了一定的紧张情绪。同时，研究生学历的他对于这份工作产生了心理落差感，他该怎么办。

❄ 小白是刚毕业入职的新进大学生，入职后被分到了供电服务指挥中心。实习半年后进行岗位分配，更喜欢调度的他被安排到了自动化班。他不太喜欢自动化这个岗位，而且他大学所学的知识也没有涉及自动化专业方面的内容，他觉得自动化对他来说难以上手不太能做得好，想去找领导沟通又担心给领导不好的印象，为此他感到非常苦恼。

❋ 小张入职两年，每天从事各类系统维护、报表报送、发票打印等重复性的工作，职业兴趣度降低。

案例分析

当前的就业制度为求职者提供了多种选择机会，同时也给求职者提出了严峻的择业挑战。面对职业的双向选择——人择事、事择人，在纷繁芜杂的职业世界里，择业者必须了解自我，然后进行正确的职业选择，最终达到最佳的人职匹配，把握好自己的职业前途。兴趣对一个人未来的职业生涯有着重要的影响，它能影响一个人的工作满意感和稳定感。从事自己不感兴趣的职业很难让一个人感到满意，而且常常会导致工作的不稳定。

咨询师建议

建议采取以下措施：

（1）借助职业兴趣量表（比如，霍兰德职业偏好量表），获取一定的信息，让个人在职业生涯的选择中更有信心。

（2）借助能力倾向测验，认清自己的能力（一般能力和特殊能力），了解自己的职业能力倾向。

（3）单位的人资培训部门在新员工入职时，可组织进行职业兴趣测量、人格测试等，尽可能做到人职匹配。

（4）加强对新员工的技能培训，使其尽快适应新岗位的需要。

15　工作拖延者的困境，该如何破解？

案例呈现

小严有一个工作上的大困扰：每当领导给她布置一项重要的任务，她就会推迟开始，工作一段时间，然后再停下来。直到时间剩余不多了，才不得不慌慌张张地交差。除了拖延，她的工作做得很好，但有时她的拖延会让领导非常担心，以至于会把任务交给其他人来完成。小严明明有能力更快完成工作，却偏要耗到最后一刻。旁人觉得这只是懒惰、不负责任。小严的拖延症不是因为不关心她的工作，而是因为她太在意了。因此，她深感痛苦。

案例分析

许多拖延者有着强烈的愿望想要完成工作，而当他们能够完成时，往往确实做得挺好；但还有很多时候他们根本无法实现自己的目标。这些拖延者是“不快乐的成就者”。一方面，他们必须表现优异，才能感受到自己的价值；另一方面，“不作为”却会让他们觉得自己一无是处。这时他们经常开始使用消极的自我对话，描述自己“懒惰”和“不好”。小严不清楚，她的在意，其实是源于“只有达到最佳水平，她才能觉得自己是一个有价值的人”，这种压力让她在内心深处深感愤怒。

咨询师建议

与拖延和解。

（1）首先要做的就是不要在拖延的时候说自己懒。你可能觉得不断责备自己能把你从那种麻痹状态下拯救出来。但这种自我谴责是不真实的，它不能对症下药，只会加剧问题。

（2）要试着转移注意力。想象自己是一名侦探，找出是什么引发了你的拖延症。无论你是在工作上还是在其他地方拖延，问问自己：

1）我是不是在强迫自己用一种苛刻的方式工作？

2）我这样做是为了自己，还是为了得到别人的认可？

3）如果成功了，我希望得到的情感奖励是什么？

4）如果失败了，我认为会发生什么？这个设想符合现实吗？

可以在生活中通过这样的练习去挑战自己的拖延。

（3）如果有需要，你也可以向心理咨询师寻求帮助。

管理能力篇

管理能力包含最基本的沟通协调能力、问题解决能力和压力管理能力，要了解公司内部的情况，沟通的过程中倾听能力尤为重要。只有承受住工作压力和心理压力，并且有效地释放压力，才能保证工作的顺畅和生活的幸福。

01　作为一名职能部门的专职，管理协调工作太多太费力了，我该怎么办?

案例呈现

小王性格内向，到集团职能部门工作不久。由于集团下属企业多，日常工作中会涉及较多的跨部门沟通工作，有时候一项任务来了，要协调好几个部门才能完成。当遇到一些人不配合、故意刁难的时候，就觉得工作起来特别费劲。领导分派的任务又有时效性，夹在中间，感觉无奈，更多时候感觉压力很大。

案例分析

集团公司分、子公司多，部门多，人员多。专职的经验及资历都需要日常的累积，一旦积累不足，员工就会感受到外部和内部的压力。外部压力来自于任务难度，沟通一方对任务的理解及配合程度；内部压力取决于员工自身对自己的认知及自信程度。初任一个岗位，工作场合的非正式的人际圈子还未完全形成。加之，小王性格偏内向，不完全熟悉公司的组织架构和职责范围，有时候害怕出错，不敢要求他人，对他人的拒绝较为敏感，因此会比老员工体会到更多的压力和阻力。

咨询师建议

（1）多向老员工请教，努力提升自己的业务水平。因为，自信也来源于工作中成就感的不断累积。

（2）认识自己，突破自己的限制性信念。比如“我是新来的员工，人微言轻，人家都不会愿意听我的”“要是别人拒绝我怎么办？”“别人会不会觉得我做得不够好？”这个时候，首先我们要目标导向，以如何完成目标为第一要务；其次，注重倾听他人，因为什么原因导致对方的不配合，了解了原因才能有的放矢。

（3）用发展的眼光看待目前的困境。如果五年后看今天的自己，你会对今天的自己说什么？有些时候有些困难只是暂时的，但是当下的困难又非常真实地挑战我们的信心和耐力，因此，不妨问问自己，五年后，我还会不会像今天这样难受沮丧，如果不是，那是发生了什么？

02 我是一名主管，负责的项目很多，如何缓解我的紧张情绪？

案例呈现

❄ 小张是一名市场部主管，不仅要做好日常管理工作，近来还增加了综合能源业务的拓展，而且还有光伏项目投资运营的指标考核。小张想，最好不要有指标，只做传统业务，该有多好！

❄ “十四五”第二年主网工程项目多，任务重，个别重点工程时间还特别紧急。作为一名电气设计人员，小潘经常会被业主催要图纸，难以避免因图纸校核等流程时间被压缩而给后期工程实施带来更多的隐患，小潘感到很紧张。

案例分析

增加了工作职能，会增加一定的工作量，甚至是压力。如果只想到事情的一面，我们就会觉得很辛苦。阴影的另一面是阳光，我们每一个人其实都有很多潜能。新的工作职能，帮我们实现了另外一个增值的能力——多技在身，吃喝不愁。

咨询师建议

运用“积极思维梯子”。

当我们面对新的事物，本能的反应是抗拒的。这时候可以想想看，我刚到这个岗位的时候，是不是也是从不会到熟练的？那么新增加的工作内容，其实也同样。

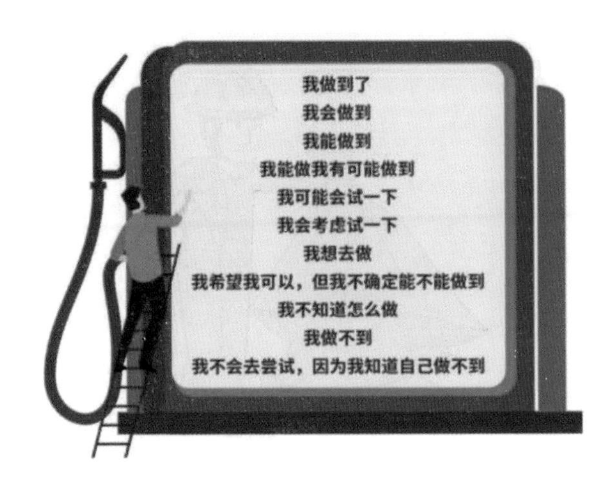

来看看自己在梯子的哪一层，努把力可以进阶到哪一层？

03 安全管理给我带来很大的压力，我该如何应对？

案例呈现

❄ 企业安全生产压力较大，管理层担心人员安全、设备安全；员工害怕出错、害怕违章，有一定畏难情绪。

❄ 小徐是单位的安全管理专职，上级的各类安全检查十分频繁，迎检任务重，他感到压力很大。

案例分析

安全生产是电力企业的生命线。企业承担的不仅仅是员工衣食父母的角色，更是巨大的社会责任。企业安全责任重，会引发员工的隐性压力。

每个人都有细节疏漏、粗心大意的时候。这时候如果有人能监督、检查我们，是不是就有可能避免因个人疏忽导致的严重后果呢?

咨询师建议

（1）做好压力管理。

首先要了解压力来源，找到你真正害怕、担心的是什么；然后做好心理上的调适，越是害怕的越要迎面对待，这样从行为开始转变，心态也会积极转化。同时，要懂得如何让身体有效放松，适当给自己放松身体的空间，例如多锻炼、多娱乐，从而达到有效缓解压力的效果。

（可参考工作场景篇案例 01 的建议）

（2）正确看待检查。

检查带来的不仅有压力，还有安全保障。这样的压力并不是一无是处的。当你理解压力后面的含义时，相信你的压力也会得到缓解。当我们明确压力事件下的意义，就会因为这个意义变得有力、坚韧！有了意义的支撑，即使倍感压力，我们仍然充满激情，愿意负重前行，在压力面前你会变得无比强大。

04　在电力建设的政策处理或与外委施工单位的沟通中，常会遇到沟通难的困境，该怎么办？

案例呈现

❄ 小李负责电力建设中的政策处理工作，在沟通上的挑战是如何处理与对方观念不一致的情况。

❄ 小潘在输电运检的日常工作中，经常跟线路周围的居民打交道。有时候在沟通时被对方无端指责，他感到很委屈，觉得工作没有成就感，很沮丧。

❄ 小王负责监管施工队的施工安全，常会遇到一些难沟通的人。

案例分析

不论是小李、小潘还是小王，都遇到了沟通的困难情境，要么委曲求全，要么让对方服从自己。三个案例都是沟通对象的问题更多，沟通的目标似乎都是一样的，要完成任务达成目标，只是方法不一致，或者存在其他的沟通阻碍。

咨询师建议

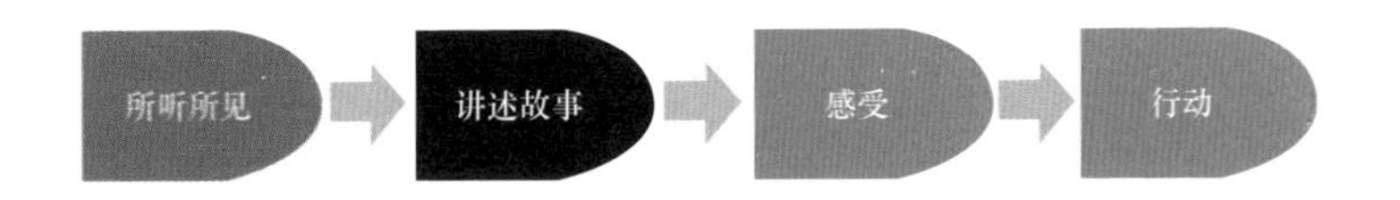

（1）所听所见：我们每天在工作或生活中都能观察到一系列的事实（注意不是评价，比如好坏、优劣，等等）。

（2）故事：针对这些事件，我们都会进行思考，都在脑海之中构造一个个故事，比如对方明明知道我是对的，但他就是和我作对。这些故事的构造目的是为了满足我们内心深处的需要，比如我需要被对方尊重、认可、配合，等等。

（3）感受：因为这些“需要”或满足或不满足，我们产生了丰富的情绪，比如，他不认可我，我很难受；对方不按我说的做，让我觉得很受挫。

（4）自我行为：顺着这个感情，我们会采取一些相应的行动来满足我们的需要，比如我们会选择据理力争、强压或者回避，你爱怎样怎样，反正结果都是你的。

（5）请求他人：顺着这个感情，我们会请求他人做些事情来满足我们的需要。比如，请你认可我正确的部分，帮助我改进需要改进的部分；又比如，让我们一起聚焦目标，避免情绪阻碍我们顺利完成任务。

05　我的班员常不服从管理，身为班长，我该怎么办？

案例呈现

小施是一名老班长，工作经验丰富。近几年班里新进了几位大学生，90/00 后、名校、学历高，很有个性。有时候安排工作任务，他们不服从班长的管理，他感到有点无奈。

案例分析

班组也是一个小型社会，每个班员都有自己的性格特点、行事风格。90后、00后员工思维活跃，接受能力强，班组内可能会面临因年龄、学历、地域等差异带来的压迫感。对于班长来讲，班组管理确实是一个挑战。需要用不同的沟通方式对待不同的员工，需要有更好的情绪调控能力，用智慧去化险为夷。

咨询师建议

（1）调整自身状态。

微笑、友好、坚定地指挥管理班组事务。你是班组的领头雁，新进员工可能一时不能领会你的管理意图，但如果你能够明确指出这项工作任务的必要性和要点，相信员工会愿意接受你的指令。

（2）认真倾听。

每个人的语言都带有独特的性格特点。认真地倾听，听清楚班员语言背后真正的需要，最终能帮助你愉快工作、团结协作。

（3）及时回应。

根据班员的需要及时直接或间接地回应，会让他觉得“你是能帮到他的人”。

（4）温和坚定表达。

向不服从管理的班员温和、坚定地表达：“您看是否可以……，非常感谢您的理解和配合。”

06 当遭遇职业瓶颈时，我该怎么办？

案例呈现

小王入职 5 年了，今年 32 岁，感觉自己的职业发展开始停滞了，有想上却上不去的感觉，似乎可以看到职业的尽头了。但他又不希望碌碌无为混日子，希望多一些学习机会和学习平台，突破职业瓶颈。

案例分析

如下表所示，小王正处于生涯阶段的过渡期，过渡期有这样的迷茫感受是非常正常的，而是否能够突破这个职业瓶颈需要内外兼顾。

年龄阶段	生涯阶段	主要任务
16~22 岁	拔根期	多数人离开父母，争取独立自主，力求寻找工作，实现经济上的自我支援
23~29 岁	成年期	寻找配偶，建立家庭，做好工作，搞好人际关系

续表

年龄阶段	生涯阶段	主要任务
30~32 岁	过渡期	进展不易，忧虑较多，很多人改变工作和单位，以求新的发展
33~39 岁	安定期	有抱负、希冀成功的人，将专心致志地投入工作，以求有所创新，取得成功
40~43 岁	中年危机期	对大部分人来说，工作变动性降低，意识到年轻时的抱负很多没有完成，希望获得职业生涯进展和改变方向的机会已经不多
44~59 岁	成熟期	当生涯之重大问题已经解决时，往往会满足于现状，希望安定下来，抱负还有，但水平不及中年高了；有的现实情况出现事与愿违，在组织内部的关系上，还得到发展和加深

咨询师建议

（1）了解自己的职业发展阶段，可由自己或者专业的职业生涯导师帮助自己做规划。

（2）运用个人规划工具 WIll/CAN/MUST（愿望 / 能力 / 行动计划），通过梳理个人意愿、能力以及实现愿望将采取的行动这三个部分，来增加对自己的认识。过程中不要有任何限制，就当作是一个头脑风暴，没有对错，只有想象和创造力。辅助职业性格测试，职业兴趣测试，职业锚，职业价值观测试，优势识别，帮助定位自己。

（3）管理者的角度：可以通过员工访谈，人才盘点，轮岗策略，帮助员工做组织内规划，把正确的人放在正确的位置上，从而发挥其最大的潜力。

07　出现了职业倦怠，该如何应对？

案例呈现

小陈入职工作已有十余年，起初表现优秀，工作业绩都还不错，还会承担班组重大课题和项目。但是工作十几年后依然还是在自己的岗位上停滞不前，感觉晋升无望，工作上逐渐开始漫不经心，失去工作热情，对于很多工作只是停留在完成任务。

案例分析

小陈的表现是进入职业倦怠期的典型表现。职业倦怠虽然不是病，却会对职业人产生很大的负面作用：轻者对工作失去兴趣，产生很强的疲惫感；重者会导致职业发展的重大挫折甚至中断。

咨询师建议

（1）需要调整好心态，找到产生倦怠的原因。可通过调整职业目标、申请调整职位，或者转变工作环境等方式来改变职业倦怠的状况。

（2）在暂时不能更换工作的情况下，可多采取一些放松心情，减轻压力的方式进行调节。比如：

1）不管有多忙碌，一定要锻炼。

2）不要太严肃，和朋友聊天，说个小笑话等。笑不仅能减轻紧张，还有增进人体免疫力的功能。

3）让自己彻底放松一天，读一篇小说、唱歌、啜茶，或者干脆什么也不干，坐在窗前发呆。这时候关键是内心的体味，一种宁静，一种放松。

4）在生活中找寻新的兴趣点。

08　随着年龄的增长，我已经跟不上新的工作要求，我很担心。

案例呈现

❄ 老李是变电运维中心的一名老员工。现在站里推广数字化及运检一体工作，他觉得自己已经跟不上新技术的要求，很着急。

❄ 老王在产业单位已服务了近 30 年，面对产业单位绿色转型发展新要求，他觉得跟不上形势，很迷茫。

❄ 老张今年53岁了，感觉工作跟不上公司发展节奏。他想，再熬一熬吧，熬到退休就好了。但他又不甘心混日子，心情有点失落。

案例分析

随着年龄的增长，我们会感受到体力的下降。对有些事情失去了掌控感，觉得力量不够了。新的事物也在考验我们的适应能力，这种感受很正常。

咨询师建议

如何做到让自己感到更快乐更圆满呢?

（1）积极的自我暗示。有的人还年轻，心已经老了；有的人虽然老了，心还很年轻。你的选择是什么呢? 列举一些跟自己年龄差不多但仍然活力四射的人，试着向他们学习。

（2）设定适合你的身心健康目标，并为之而努力。比如每周健身两次，每天尝试新事物，锻炼自己积极的心态。

（3）对每一天进行感恩。每一天，都是余生最年轻的一天。

09 尽管公司意识到人员结构老龄化趋势并采取了相应的策略，但企业发展仍然还会受到老龄化的影响，怎么办？

案例呈现

❄ 小王所在的班组，由于管辖线路多，工作量大，班组里老龄化严重，作为基层管理者压力很大。

❄ 小张所在的集团下属单位老龄化严重，平均年龄 45 岁，中青年断层，30~40 岁之间的比较少。文化水平不是特别高，工作积极性不高，管理有难度。

案例分析

企业人才战略出现断层，组织心理契约发生变化，员工对组织的期待，与组织对员工的期待出现落差，员工的积极性动力受到影响，职业倦怠、离职、消极怠工的现象就会产生。

咨询师建议

（1）提高员工整体效率的办法集中在组织自身（谁向谁负责，谁做什么工作，工作设计是否兼顾了效率和经济，等等）。

（2）重新检查激励计划（组织用以激励员工和奖励绩效的系统）。

（3）管理者要注意到在完成任务的同时，应该更多地关注员工的社交需要，下属的心理幸福感，被接纳的感觉、归属感和认同感。

（4）管理者应该接受工作群体存在的现实。最重要的是，管理者的角色从计划、组织、控制转变成为员工和更高管理层的中介，倾听并试着去理解下属的需要和感情，并对这些需要和感情表现出关心和同情，在更高管理层面前支持下属的要求。

（5）管理者需使工作本身变得更有意义、更有挑战性。员工是否能在给他们带来骄傲和尊重的工作中发现工作的意义。

（6）管理者可以通过访谈、授权，辅助、帮助员工提高在组织决策过程中的参与性，从而调动员工的积极性和创造力。

10 我不懂得拒绝，应付起来又力不从心，该怎么办？

案例呈现

❄ 常有同事找小叶帮忙，他心里不是很愿意，但是又不懂得拒绝，导致自己经常加班。

❄ 除本岗位工作外，小张常被部门领导或同事安排做一些杂事。他不善于拒绝，应付起来又力不从心，这些杂事不能有效地提升自身的专业技术技能，他很困惑。

案例分析

某些人之所以难以拒绝，是因为他们会联想拒绝的后果，并把可能出现的当成一定会出现的结果。比如，怕被对方排斥、厌恶，这是他难以接受的。另外，如果原生家庭的父母比较强势或者家庭环境不够民主，他可能从小就没有足够的言语自由和选择自由，从而导致了如今的状况。

咨询师建议

在人际关系中，拒绝对于大多数人都不那么容易，所以不要有太大的负担。

（1）学会如何拒绝别人，也是一种能力。试着真诚和坦诚地向对方表达你的意愿。只要对方尊重你，对方就会理解你。

（2）学习和提高语言表达能力。

11　我常常在意旁人对自己的看法，害怕出错，我该怎么办？

案例呈现

❄ 小李在工作中常常看到一些人讲话很自信，能对自己的工作发表看法，散发着独特的工作魅力，很是羡慕。但是他不敢大声说话，不敢表达自己的想法，就怕说错了话。

❄ 小王说："我总是很在意别人对我的看法，担心别人会讨厌我。"

❄ 小沈遇到有心仪岗位的应聘机会，却不敢跟领导提，害怕领导有想法。

案例分析

小李、小王和小沈在人际关系方面都表现得特别不自信。需要提升自信与沟通力，改善人际关系。

咨询师建议

（1）对自己要有真实的认知。想要改变现状，建立对自己的真实认知，需要一个循序渐进的过程。可以从以下几个角度开始：

1）关注全局，而不再仅仅关注不顺利的事。

2）允许自己犯错，放弃那些严苛和完美主义的自我标准。

3）自我比较时，运用更多的参照物，而不是一味地贬低、否认自己。

4）在关注他人对自己的看法和评价时，留一份空间给自己，你才是自己的主人。

（2）有切合实际的期望。每个人都有自己的优势资源，对自己要有切合实际的期望，不能要求自己完美地掌控每一个细节。想要改变的方法是，你需要认识到自己比起原先的你有了哪些进步。

（3）有改变的意愿。心理学上有一个叫作“自我应验的预言”概念，指的是如果你期待某件事发生，并且你也做出了对应的期待中的行为，那么这件事发生的概率则会增大。也就是说如果你持有某种期待，并且你也做出了与期待一致的行为，那么这件你渴望的事就会真的发生。

（4）需要一些改变的技巧。

1）推动自己去经营关系。

2）培养新的思维模式。

12　工作家庭一肩挑，职场女性如何管理不良情绪？

案例呈现

小米是单位的中层干部，又是两个孩子的妈妈。平时工作繁忙，还要照顾一家人的生活起居。她常常感到身心疲惫，尤其近三个月更显得易怒和烦躁。

案例分析

各类焦虑、抑郁症状在女性群体中普遍存在。引发心理问题的压力来源多种多样，职业和经济方面的挑战是各群体女性共同面对的主要问题。相比于男性，女性要承受更多社会文化的偏见和要求。在工作中，她们不得不与性别刻板印象做斗争；在家庭中，女性面对着更大的劳动压力。

咨询师建议

在女性的现实和心理处境中找到产生焦虑和抑郁的线索。在有限的环境下，探求通向内心平静的道路。

（1）希望。即使现在身处焦虑或抑郁之中，也不意味着会永远受到困扰。有一些心理困境是阶段性的，带着这些问题继续生活，就已经在解决问题的路上了。学习能力是年轻女性最有力的工具，职业压力会随着工作经验的积累而缓和。

（2）沟通。倾诉是女性最青睐的情绪纾解方式，也的确是应对心理挑战最有效的方式之一。

（3）动力。抓住情绪较高昂的时间窗，在有充沛动力时设法延长积极的心理状态，并培养起有利于应对压力的习惯。必要时，向心理工作者求助。

个人生活篇

生活是个五彩缤纷的世界，蕴含着追求的艰辛、成功的喜悦、挫折的苦痛、孤独的寂寞……但无论怎样，都不要让希望在生活中枯竭。微笑着面对生活，微笑着面对人生。把阳光给予别人，给予这个世界，也给予我们自己。

01　我想了解一下如何更好地跟我的孩子相处。

案例呈现

❄ 小王的孩子，2 岁半，脾气很坏，总是打人。

❄ 小李的孩子，小升初，总是玩手机，让她停下来，她就发脾气，怎么讲都不听。

❄ 小张的孩子，初二男生，成绩总是上上下下，万一考不上高中怎么办？

❄ 小沈小时候读书成绩很好，他认为孩子应该和他一样。他对孩子的学习成绩以及各方面要求都很高，一旦孩子成绩下降，就变得特别焦虑。

案例分析

埃里克森的心理社会发展理论将人的一生从婴儿期到成人晚期分为八个阶段，八个阶段中前五个都是针对孩子的。只有了解了孩子所处的阶段，才能有的放矢地采取应对策略。

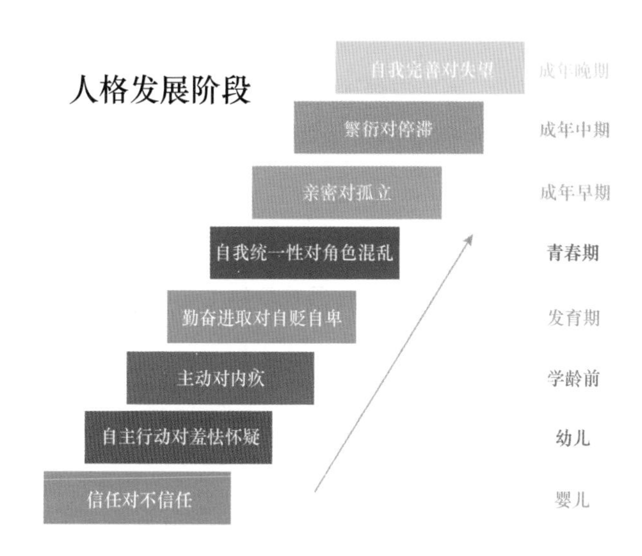

第一阶段为信任对不信任阶段，婴儿期，是从出生到一周岁。婴儿在本阶段的主要任务是满足生理上的需要，发展信任感，克服不信任感，体验着希望的实现。婴儿从生理需要的满足中，体验到身体的康宁，感到了安全，是对周围环境产生一个基本信任感；反之，婴儿便对周围环境产生了不信任感，即怀疑感。如果一个人在人生最初阶段建立了信任感，将来在社会中就会成为易于信赖和满足的人。反之，他将成为不信任别人和贪得无厌的人。

第二阶段为自主行动对羞怯怀疑阶段，儿童早期，约从 1 岁到 3 岁。这个阶段儿童主要是获得自主感而克服羞怯和疑虑，体验着意志的实现。他已不满足仅仅停留在狭窄的空间之内，而且渴望着探索新的世界。

第三阶段为主动对内疚阶段，学前期或游戏期，从 3 岁到 6 岁左右。这个阶段儿童的主要发展任务是获得主动感和克服内疚感，体验目的的实现。本阶段也称为游戏期（或游戏年龄），游戏执行着自我的功能，在解决各种矛盾中体现出自我治疗和自我教育的作用。埃里克森认为，个人未来在社会中所能取得的工作成就、经济上的成就，都与这个阶段的主动性发展的程度有关。

第四阶段为勤奋进取对自贬自卑阶段，学龄期，从 6 岁到青春期。这个阶段的发展任务是获得勤奋感而克服自卑感，体验着能力的实现。本阶段是儿童继续投入精力和欲力，尽自己最大努力来改造自我的过程，也是有关自我生长的决定性阶段。这时儿童已开始意识到进入了社会，他在众多的同伴之中必须有一席之地，否则就会落后于别人。他一方面在积蓄精力，勤奋学习，以求学业上成功，同时在追求成功的努力中又掺有害怕失败的情绪。因此，勤奋感和自卑感构成了本阶段的主要危机。

第五阶段为自我统一性对角色混乱阶段，青年期，约 12 岁到 18 岁。这一阶段的发展任务是建立统一感和防止混乱感，体验着忠诚的实现。自我统一是指个人的内部和外部的整合与适应之感；统合危机区间则是指内部和外部之间的不平衡和不稳定之感。埃里克森认为自我统一必须在七个方面取得整合，才能使人格得到健全发展。这七个方面是：①时间肯定对时间混乱；②自我肯定对冷漠无情；③角色试验对消极认同；④成就预期对工作瘫痪；⑤性别认同对性别混乱；⑥领导的极化对权威混乱；⑦思想的极化对观念混乱。

咨询师建议

（1）成年人自身焦虑情绪的处理，首先是定位问题，是孩子真的出了问题，还是我们太过焦虑导致的沟通基础被破坏。

（2）角色换位技术：想象一下自己是孩子，现在被对待的方式是什么；希望得到父母怎样的对待，自己才会更容易接受。

（3）非暴力沟通的循环使用。

——观察不评价。观察到孩子情绪的波动，观察到孩子在玩手机，观察到孩子的成绩起伏；不评价脾气坏，不评价玩手机是不好的，不评价成绩上升好、下降不好。

——感受自己和孩子的情绪。自己的情绪，如担忧害怕上述的表象会影响孩子的未来；孩子的情绪，如被忽略，被拒绝，被轻视等等。

——体会需要。比如孩子各方面都好，我就很有面子，可以得到别人的认可和尊重。

——表达期望。我期望……是因为我（上述发现的需要），“我期望你不要打游戏了”（那你期望他做什么呢？）“我期望你能够花一个小时去学习”“我希望你（丈夫/妻子）能多陪伴我一点”。

循环使用是指在和孩子的互动中不断地去尝试使用这四个要

素，熟悉这个步骤后，你也引导他人感受情绪，体会需要，表达期望，从而形成一个良性循环的沟通模式。

02　我常常失眠，怎么办?

案例呈现

❄ 小白工作压力大，睡前想到工作就难以入睡。回想白天的工作，还有来不及做的事，越想越睡不着，晚上失眠，白天工作效率就很低。

❄ 小崔的孩子出生才几个月，一晚上要醒来好多次。晚上带娃，严重影响了睡眠。

案例分析

睡前检查白日的工作，源于对工作和自我认知的不确定感，担心失误产生不好的后果，担心自己做得不够好，这是希望获得认可的表现。躺在床上时回想或者计划工作，可能会引发紧张感，激发我们的觉醒机制，以至于在该放松的时候无法放松，无法顺利进入到睡眠状态。睡眠时间减少，干扰了睡眠质量，影响第二天的精神状态，自然就不利于高效的工作。

小孩子出生的头一年，需要父母亲的及时响应，孩子夜晚会因为饥饿等醒来，表达饥饿的方式是哭声，自然会干扰到成年人的睡眠。

咨询师建议

了解睡眠不好的原因是什么，能够帮我们对应采用需要的调节睡眠的方法。

（1）根据睡眠周期来调整。人的一次睡眠是有周期的！每个周期是90分钟左右，每次睡眠都要经历4到6个这样的周期。人在睡眠周期的中间醒来，会很不舒服；而在一个90分钟周期的末尾醒来，会感觉舒适，也不会感觉睡不够或很困。因此，建议的睡眠时间是7.5小时(1.5小时 ×5次)，再加白天睡半小时，刚好就是传说中的8小时睡眠时间。如果你想睡得再少些的话，可以睡6个小时(1.5小时 ×4次)。

（2）渐进式身体放松技巧。无法入睡时，可以尝试闭上眼睛让身体放松，大脑也随之放松，并进入浅眠状态。观察自己的呼吸，尽量拉长自己的呼吸，慢慢地吸气，慢慢地吐气，随着每一次的吐气，都让自己的身体更放松，这样就可以放松地进入到一个平稳的状态。可以根据以下指令进行：

首先，深深吸气，然后吐气并持续三秒；再次深深吸气，然后吐气并持续3秒，重复这个过程。深深吸气与呼气时，注意到腹部随之而来的起伏。吸气时腹部鼓鼓的，呼气时回归自然状态。

注意头的重量，注意眉毛的压力，注意嘴唇的潮湿，注意脸颊肌肉的紧张感，让脸部开始放松，注意全身的重量。感觉腹部在膨胀和收缩，同时空气在被呼吸。

注意手臂的重量，感受手的重量，感受手指尖的重量，注意到肩膀和手臂的紧张感，让手臂放松。

注意腿的感觉，注意到腿部的紧张感，让腿放松，注意到脚重量，感受脚趾的重量。

现在，注意全身的重量。长长的呼气放松，让整个身体放松。

（3）注意力转移法。可以在想到工作的时候，把自己的注意力收回来，去想象一个静谧又放松的场景，比如做SPA、按摩、去温泉。

（4）薰衣草精油的妙用。薰衣草精油主要应用于芳香疗法或按摩方面，它的香味具有舒缓镇静的作用。1993 年，在爱尔兰的塔拉莫尔（Tullamore），Genoral 医院把从罗勤、刺柏、薰衣草和甜牛至属植物中提取来的挥发油混合使用于改善老年人的睡眠。1995 年，Graham 也对此做了尝试，目的是减少病人的睡眠干扰，使其快速入睡。在与挥发油雾化治疗联用 2 个星期后，自述晚上睡眠良好的病人数显著增加，晚上睡眠时需要周围环境特别安静的病人数显著减少。

（5）确实没有睡好的情况下，也不需要过于担心，可以在第二天的中午，通过催眠冥想的音乐帮助自己有一个高质量的午休时间，补眠时间以不干扰当晚睡眠时间为最佳。

（6）失眠严重者，必要时可遵医嘱采用药物治疗。

03　身边人（比如同学、同事、家人）有抑郁焦虑状况，我怎么办呢？

案例呈现

自己的朋友 / 家人有了抑郁焦虑状况，作为密切接触者也会感受到情绪的影响，劝说他想开点，根本不管用，弄得自己也很挫败。

案例分析

随着社会环境的变化，越来越多人承受着超出以往的压力，疾病往往提示我们要开始注意自己的本源了——身心系统。

作为照顾者或者开导者，有同理心能够感受到他人的感受是非常好的，能体会到他人的困境，希望他人快速好起来的愿望也是十分良善的，但是心理和身体一样，一旦失衡，都需要时间恢复。如果我们的急切让对方产生压力，有可能会适得其反，可能会让对方觉得我们不能接纳目前的他们。

心理学在中国的起步较晚，大家对心理健康的了解程度相对还比较薄弱，大众媒体对于抑郁和焦虑的传播有时会夸大，有时候又不足以引起重视，并且每个人的情况都会有所不同，因此也会让普通人感觉无所适从。

咨询师建议

（1）学习心理健康知识。可以在企业“心驿站”或者精神卫生中心官方公众号上找到抑郁和焦虑的短视频，帮助我们正确了解这两种病症。

（2）正确区分抑郁（或焦虑）情绪和抑郁（或焦虑）症。抑郁（或焦虑）情绪是每个人都会有的、暂时的情绪状态，通常可以通过自我调节来改善；抑郁（或焦虑）症是持续性的、危害性的心境障碍，仅仅依靠自身和亲友的帮助往往难以起效，需要就医和药物治疗。

（3）陪伴和不带评判地倾听，传递给对方，他不是孤独的，至少他有我们，有家人，有朋友，有同事，大家可以一起面对，去找到解决问题的钥匙。

（4）学会自我照顾。如果情绪受影响了，首先要调节好自身，不要过度担心，只要方法得当，就会康复。就像得感冒一样，不同的抵抗力，不同的应对，好转的周期也会不太一样。如果难以自我调节，建议就医或者寻求专业心理咨询的帮助。

04 每个人都有退休的那一天，我不知道该怎么规划退休生活。

案例呈现

老王到了退休年龄却希望继续发挥余热。他身体好，精力充沛，但公司不允许返聘退休职工，他感觉被公司抛弃了。去外面私企吧，又觉得不合适，感觉理念价值观都不匹配；想带孙子吧，孩子又不愿意结婚生孩子。

案例分析

有的人觉得工作没劲，希望赶紧退休，也有的人在工作中发现自己的价值，退休让自己觉得无所事事，价值感全无。退休政策是普适的，不是否定个人的价值贡献，那么我们的余热可以在哪里发挥出来呢？

咨询师建议

（1）认识到事情的两面性。如果只是想到因为年龄增长不再被需要，就会感觉到无力和低自我价值感。此时，我们就要想想，如果真的退休了，我会被谁需要，我可以在哪里发挥所长，我有什么样的资源可以帮助我发挥所长？当环境变化的时候，我可以做些什么让自己感受好一些？

（2）使用“愿望＋能力＋行动”工具。这个工具像是一个头脑风暴，不论在什么年龄阶段都可以使用。首先，可以梳理一下自己的愿望，不要限制自己的想象力，想到什么就把它列出来；其次，要梳理自己过往的能力，经验等等，事无巨细地把它写出来；最后，我们来看看，如果要实现上面的愿望，必须采取什么样的行动计划，仔细梳理三个维度重合的部分，那可能就是我们最接近梦想的答案哦。

（3）体验。在空闲的时候可以去体验不同的生活，运动、下棋、摄影、旅行、助人、顾问，等等，去找到那个让你愉悦的活动项目，并发现其中的意义。

05　我不想结婚，可家里催婚厉害，怎么办？

案例呈现

❄ 小李今年 35 岁，单身，家在外省。年关将至，为了躲避父母催婚，选择今年不回家，春节申请加班。

❄ 老张的女儿今年 32 岁了，不愿意找对象，在外地工作。为了逃避父母的追问，这一年回家的次数减少了，老张很着急。

案例分析

催婚，是一种转移社交焦虑的谈资，也是当事人父母无处安放的不安和恐惧。催婚背后藏着诸多潜意识动力，面对催婚，尤其是父母的催婚，让人很难冷静。

咨询师建议

（1）全面理解“催婚”背后的含义。

父母催婚的背后，有着对子女的牵挂，也有着对衰老和死亡的深深恐惧。父母无力处理自己的感受，无法在心理层面将子女视为一个“可以为自己负责”的独立个体，也无力看到子女的真实感受和需求。但有时候，不得不承认，催婚中也藏着人情温度。

催婚，也是家庭关系的放大镜。关系融洽的亲子之间，偶尔的催婚，不会让子女太过于厌烦。

（2）多沟通，修复关系。

孩子要理解父母的苦心，父母要尊重孩子的选择。双方以退为进，修复关系。

（3）通过多种方式，化解催婚带来的压力。

被催婚的子女可以给自己更多的自我觉察：抱抱自己，静静地与自己的感受和情绪待一会儿。

穿越催婚的话题，找理解自己的亲友、朋友聊天。

06　如何面对感情生活困境？例如恋人分手、离婚等。

案例呈现

❄ 小张结婚两年，他和妻子的关系越来越紧张，正面临着一场婚姻危机，小张心情很差。

❄ 小玉与男友异地恋爱 5 年，聚少离多，感情日趋平淡，最近男友提出分手，这让小玉感到很痛苦。

案例分析

无论是夫妻，还是男女朋友，来自不同的家庭和不同的文化生活背景，有着不同的生活习惯、兴趣爱好、价值观念、信仰系统等。所以，任何夫妻或情侣，都会有矛盾冲突。幸福的夫妻（情侣）不是没有冲突，而是具有解决矛盾冲突的能力。

咨询师建议

（1）如果双方有改善关系的愿望，双方可以一起寻求心理咨询师帮助。咨询师借助 PREP（prevention and relationship enhancement program）方法，即预防和促进关系项目，从听说技巧训练开始，减少破坏性的处理冲突方式；讨论隐藏在争吵、冲突背后的问题，了解他们的期望是否合理，并鼓励双方将期望清楚地表达出来。

（2）如果双方已经离异（或分手），感情受挫，可以尝试着采取以下措施：

1）寻求社会支持系统。如果你的朋友离婚（或失恋）了，不要指导他（她）“去找点事情让自己忙碌起来”，而是陪伴、守候他（她），让他（她）和自己受挫的情绪相处。

2）允许悲伤情绪的存在。情绪是很难用意志控制的，它的到来和离去有着自己的规律。越是压抑、掩埋它，它可能会纠缠当事人越久。悲伤是一种非常有整合力的情绪，它的存在可以让当事人重整旗鼓，带着伤痛继续走下去。

3）保持情感界线，把注意力从对方身上引到自己身上来。把感情从对对方的埋怨和对自己受害的位置认定，回归到自己的担当上，让离婚（失恋）者能够知道自己在爱中所承担的角色和责任。

4）放松心情，通过旅行等方式转移自己的关注点。做好人生规划，给自己积极的心理暗示。

07 初为父母的我们，在平衡工作与家庭关系中感到困惑与烦恼，该怎么办？

案例呈现

❄ 小李刚生了宝宝，育儿的忙乱与工作的忙碌，让她身心俱疲，有时会在夜里不自觉地哭泣。

❄ 小王刚刚当上了爸爸，家庭的责任又多了一分，但工作中的压力常常让他无法完全兼顾到家庭生活，他感到十分焦虑，不知应该如何调节。

案例分析

初为人母的女性，容易把所有的精力都放在哺乳、换尿布、哄娃睡觉的循环模式上，基本上没有自己的时间，严重的睡眠不足，头脑发昏、脚下发虚，容易情绪低落、焦虑。

工作与家庭关系不能很好地平衡，说明当事人在工作与家庭两个角色间有了冲突，个体面对工作与家庭两种角色在某些方面彼此互不相容，产生了角色压力。个体在此过程中需要进行时间的分配和空间的划分，尝试塑造有效的行为模式，满足不同的角色预期，并着力实现两个领域间的积极溢出与补偿，从而应对由于角色压力互不相容而产生的心理状态。

咨询师建议

（1）管理好自己的体能。如果你工作的消耗造成你总是累到无法陪家人，那你需要寻找方法节省自己的体力。少点应酬、早起早睡、固定运动，都是增加体力的方法。

（2）建立固定的相处时间。例如早餐全家一起吃，或是周日下午全家一起整理家务。因为“固定”会带来心理层面的稳定感，稳定感会增加安全感，有效促进家庭氛围。这时候要全心全意陪家人，不要处理工作。专心工作，专心顾家，“质”绝对胜过“量”。

（3）新手妈妈可以寻求家人的帮助，来帮自己释放不当的情绪。不要把所有的重任都揽在自己身上，做到家人合理分工，家庭成员轮换照顾宝宝，让自己有更多的休息时间，保证充足的睡眠，有良好的精神状况。

08 因工作性质实行轮班制，或者夫妻双方异地工作，而导致一家人聚少离多，家庭系统功能失调，怎么办？

案例呈现

❄ 小张是配网调控班的一名调度员，他的工作是轮班制，休息时间难以和家人凑到一块，周末过节缺少陪伴家人和孩子的时间，家人对他这种工作模式也不太理解，经常会抱怨，影响了家庭和睦。

❄ 小刘夫妇长期异地工作，孩子由妻子照料，近两年孩子变得不愿与小刘沟通。

❄ 小赵夫妇因工作关系分居两地，丈夫工作很忙，平时很少有时间和妻子交流感情，夫妻感情不如以前亲密。

案例分析

家庭是一个系统，家庭成员的个人症状、问题行为或人际冲突，都是家庭系统功能失调的表征。家庭治疗的重点，可以放在家庭成员的互动关系上。

咨询师建议

（1）鼓励当事人描绘家庭的初步结构图，把家庭关系约略化成近似的图表，能更清楚地了解家庭的结构。关系失衡的家庭地图往往会显示出夫妻一方对子女的亲密取代了婚姻的亲密。

（2）引导孩子走向独立自主。首先要把与子女关系疏远的一方拉回来，让他（她）与孩子多相处，同时把与子女紧紧缠在一起的一方隔离开；其次要让夫妻双方重新互相亲近，创造更紧密的连接，解决夫妻之间的冲突。

（3）双方对于婚姻家庭的信念是基础。双方需要对接受这种工作性质的决定以及原因达成共识。双方对婚姻家庭的承诺和责任感，将有利于当事人对于异地婚姻的正面感受。

（4）夫妻可以多分享自己的生活。“自我暴露（self-disclosure）”被认为是建立亲密关系的前提条件（Jourand, 2005）。自我暴露指一个人自发地、有意识地向另一个人暴露自己真实且重要的信息，也就是个体把有关自己个人的信息告诉他人，与他人分享自己的感受和信念。婚姻作为亲密关系的最深层次，对于“自我暴露”也有着较高的需求。

09 有时我无法控制住自己的情绪，对越是亲近的人越会发脾气，我该怎么办？

案例呈现

小王是一名电力营业厅柜面员工，每次面对客户都和颜悦色。回家后父亲问了她一个手机上的操作问题，小王教了几次，父亲心不在焉，还是反复问已经解答过的问题，她突然无名火起，平时上班时的一件件烦心事都情景重现。父亲见状说：就你这态度，家里都这样，真不知道上班是什么样子的。小王心理一下被击溃，崩溃大哭起来。

案例分析

不良情绪和压力相伴而生。如果一个人长时间没有释放过自己压力，那他很可能是易怒的。对越是亲近的人越会发脾气，是因为对亲近的人缺少敬畏心，认为对方会包容自己，时间长了形成一种潜意识。

咨询师建议

（1）需要采取一个设计身体、精神以及情绪的整体性方法，来降低自己对坏情绪触发事件的反应。

1）降低压力水平。要感受压力，重要的不是感受压力的大小，而是对压力源的看法和态度。

2）避开坏情绪的触发事件。

3）意念、冥想和渐进式肌肉放松训练。

4）身体、思想盘点。定期记录自己的身体、情感和心理状况，清除各种挥之不去的消极情绪、想法或记忆。这样做可以帮助我们在遇到引起情绪爆发的事件时，“阻止战斗或逃跑系统”全面启动。

（2）建立一个良好的互动方式。比如把家人当成客人，把伴侣当成主管；更新人际关系互动思维，杜绝“人际剥削”。

10 婆媳关系不和谐，怎么办？

案例呈现

小王结婚后与丈夫、公公婆婆同住，由于生活理念不同，经常有摩擦。每次与婆婆意见相左时，丈夫总是置身事外，美其名曰：这是你们两个的事情，你们自己解决。小王时常觉得委屈又无处倾诉。

案例分析

“剪不断，理还乱”的婆媳关系，是婚后女人感到极其疲惫、力不从心的重要原因之一。婆媳不和是表面现象，本质是丈夫的调节功能失调。很多男人在面对婆媳问题时，若是觉得谁对就支持谁，谁错就批评谁，往往关系会越来越糟糕。

咨询师建议

（1）需要调整期望和认知。首先，儿媳在婆婆面前，关系是亲密“有间”的，媳妇更需要展示好的一面。其次，婆婆和媳妇之间有生活习惯、价值观念和年龄的差异，婆媳之间可能会在这些分歧上产生对彼此的不满。再次，尝试接纳自己与婆婆之间的差异，带着感恩的心，互相谅解、包容，有智慧地处理婆媳矛盾。

（2）学会运用语言的艺术。一段好的婆媳关系，也是可以通过语言的艺术来促进的。

（3）丈夫需要负起责任。首先对自己的角色进行定位——做一个很好的桥梁，而不是为他们评理的法官；其次，做好“黏合剂”，勇于做“恶人”，将做“好人”的机会留给母亲和妻子。

11 疫情期间，如何防止亲子关系“熔断”？

案例呈现

疫情期间，小张居家办公，儿子也在家里上网课。小张看孩子总是“这里不满意、那里不顺眼”。特别是当关注孩子的学习是不是有所松懈时，就很容易产生焦虑情绪。儿子宁愿和同学网上聊天，也不愿和父母说心里话。家庭亲子关系濒临“熔断”。

案例分析

一场疫情，让孩子们有机会和父母长时间的朝夕相处，也让很多家长回归了“第一任教师”的角色。居家防疫期间，家长陪伴孩子的时间大幅增加，容易出现很多“不太适应”的情况。有些家长和孩子一样，颠覆了作息习惯，无计划、无规律的生活，内心的焦虑情绪会通过对孩子的挑剔发泄出来。很多孩子也很苦恼，觉得没有了独立空间。

咨询师建议

特殊时期，需要家长和孩子共同梳理情绪。

（1）学会接纳情绪。

家长同时接纳自己的和孩子的情绪，给孩子最大的支持。调节的方法有：

1）教会孩子接纳情绪，调节家庭气氛，营造轻松、和谐、愉悦氛围，使家庭成员保持良好身心状态。

2）家长带头规划生活，按照平日规律安排作息，在做好自我防护的同时增加一些户外活动，减少生活中的盲目感、无聊感。

3）做一些平时没时间、没机会做的事情，开展亲子游戏，和孩子一同畅想、规划未来，帮助孩子树立自信、建立目标。

4）和孩子一起听音乐唱歌，调节情绪、提高审美情趣。

（2）培养孩子的责任感。

1）榜样教育是对孩子最现实的责任感、价值观引领。

2）让孩子承担力所能及的家务劳动，培养孩子的家庭责任感和自理能力。

3）进行孝亲教育，开展具有生活仪式感的亲子互动。

4）进行生命教育，用以往与家长、老师之间小矛盾的事例，对比疫情期间的情况，让孩子学会尊重生命、珍惜生命。

12　情绪的伪装，让我感觉好累！

案例呈现

小方在同事眼中是一个很阳光、积极向上的人，但他知道真实的自己不是这样。一到晚上独处的时候，就会变得很难过，不想讲话，经常想到不好的事情，失眠成了常态。

案例分析

情绪伪装是指在情绪交互的过程中，人们表达出实际不存在的情绪，放大或压抑原本的情绪。我们在社会化中不断进行着情绪伪装，使自己的情绪更符合职场、家庭或其他场合的要求。这可能是通过虚假的表情来实现，但也越来越多地依靠深层表演改变自己的实际情绪。可是这却带来了自我疏离和异化的可怕后果。

咨询师建议

缓解情绪伪装对自我的破坏，让情绪保持“野生的活力”。可以做以下几种尝试：

（1）觉察情绪。

（2）建立温暖的人际联结 。

（3）从事创造性的活动，不必形成什么成果。要有个人兴趣，在那里允许自己不带限制，没有目标地投入，任由情绪牵引着流动。

（失眠的应对方法可参考本篇案例 02）

危机事件篇

危机事件，是对一个社会系统的基本价值和行为准则架构造成严重威胁，并在时间压力和不确定性极高的情况下，必须对其做出关键决策的事件。危机事件往往难以避免，当遭遇某种危机事件的时候，周围人的爱心、耐心，以及恰当而坚定的支持和引导，将帮助他化解这些危机，并使这些危机事件成为其进一步成长的资源和动力。

01 遭遇生活中、工作中的重大事件或危机，怎么办？

案例呈现

❄ 小山有时候觉得压力很大，感觉自己很脆弱，站在窗边想跳下去，又害怕跳下去，因此赶紧后退，不知道为什么那些跳楼的人要做这样的选择。

❄ 大明生活工作压力都大，老人生重病要照顾，孩子也要有人带，夫妻两个工作都忙，工作时间长，事情多，几乎没有停歇的时候，不知道自己能撑多久。

案例分析

一个时间段内的压力超负荷导致人崩溃的例子很多，在剧烈的情绪失控的当下，有时候人们会做出非理性的应对，从而导致危机的发生。

生活中，难免会遇到一些重大事件，比如家人重病、父母离婚、子女学习困难、严重差错事故等，这些事件会给当事人造成极大的阶段性压力，严重时导致心理崩溃，引发危机。如果处理得当，就可以从压力中有所成长。

咨询师建议

（1）咨询师指导当事人评估自己当下的压力，根据严重程度及压力源的单一性和复杂性进行评估，如果压力带来的主观感受超过 7~8 分，就要尽快采取合适的应对策略帮助自己减轻压力，以缓解可能带来的危机。

（2）寻找支持：找到能为自己提供支持的人或资源，比如专业人员（医生，咨询师等）、信任的人（领导、同事、家人、朋友等）、关键资源等。

（3）寻找解决方案：想象一下，如果是我们的朋友遇到同样的压力，我会给他什么样的建议来帮助他找到更好的应对方式。

02　如果遇到重大健康问题，如何提升心理复原力？

案例呈现

- 在工作中患病，比如可能的职业病带来的挑战。
- 在最好的年龄生了大病，影响到职业发展。

案例分析

没有人希望自己生大病，当这件事情发生了，每一个人都要经历一个阶段：从震惊否认，到愤怒，到妥协、抑郁，再到接受，甚至要和自己对疾病的担忧一直共存。

咨询师建议

（1）接受现实，解决当下的问题。

直面现实，不要逃避现实，以实事求是的态度面对目前的艰难处境。

当灾难来袭，尽可能利用身边一切资源应对困境，先解决问题。

当问题结果已经产生时，想想有什么更好的应对措施或补救办法。

在问题处理完之后，想想可以改善和优化的地方，以避免下一次的失败。防患于未然，在困境来临前就训练自己做好准备。

（2）宣泄情绪，释放压力。

确保有渠道宣泄情绪和释放压力。可以尝试从以下几个方面调整情绪：

1）身体：照顾好自己的身体，摄入适当的营养；多休息；多运动，有利于负面情绪的释放。

2）心智：写日记、画画、冥想、与大自然亲近，都是不错的释放压力的方式。

3）社交：与朋友倾诉、谈话或商讨都对宣泄情绪、缓解压力有帮助。

（3）培养成长型思维。

警惕非黑即白的思维，避免“总是”“绝不”等绝对化的思维，用成长型思维和发展心态来看待问题。复原力强的人普遍具备成长型思维模式。具备成长型思维模式的人相信他们的能力会通过辛勤的努力与奉献得到提升。而封闭型思维的人则认为人的能力是不变的 。

（4）增强自我效能感。

1）发现你的心理优势，并在工作和生活中充分运用它们。

2）设立合理的目标和期待，在达成后进行自我激励。

（5）寻找意义感。

当困难来袭，我们可能会将自己视为受害者：“为什么是我？”

寻找生活的意义，能让人将眼光放长远，将生命拉长，看到这些困苦不过是人生长河中的涟漪，从而获得力量和平静。

（6）寻求社会支持。

社会支持可能来源于家庭成员、伴侣、朋友、同事、团体、组织或社区。

03 每次到施工现场，总让我想起曾经目睹的一次触电场景，回避不了，怎么办?

案例呈现

若干年前，小张曾目睹过一起施工作业现场的人员触电事件。如今，每次到现场施工作业，都会不自觉地想起当时的场景，严重影响了他的工作状态。

案例分析

小张的这种反应，属于创伤后应激障碍（post-traumatic stress disorder,PTSD），是一种由异乎寻常的威胁性或灾难性心理创伤引起的延迟出现并长期持续的应急相关障碍。表现为：时过境迁后反复出现闯入性的创伤体验；持续的警觉增高；持续的回避；对未来失去信心等。

咨询师建议

创伤后应激障碍治疗方法以经验性治疗为主，包括药物治疗、心理治疗以及物理治疗。当事人应及时寻求专业人士，对其进行有目的、有计划、全方位的心理治疗、心理辅导或心理咨询，以帮助平衡其已严重失衡的心理状态。

（1）早期：危机干预。

心理危机干预最佳时间为遭遇创伤性事件后的 24~72 小时内。24 小时内一般不进行危机干预。若是 72 小时后才进行危机干预，效果有所下降。若在 4 周后才进行危机干预，作用明显降低。

（2）后续：心理治疗。

常见方法有：

1）创伤针对性认知行为治疗，又称暴露治疗，是一种短期的结构性心理干预手段，目标是帮助当事人面对其产生焦虑的客观事物，让其习惯。

2）重复动眼脱敏疗法。当事人随着心理治疗师的手指来回转动眼球，同时集中注意力体验创伤相关性场景、消极心理以及身体感受，每次持续 30 秒以上，重复多次。

3）支持心理治疗：

★共情技术。咨询师运用同理心，设身处地为受助者着想。

★倾听和支持。主动倾听并热情关注，努力体验和了解受助者的思想和感受，给予当事者心理上的支持。

★调动和发挥社会支持系统（如家庭、朋友等）的作用，当事人可多与家人、亲友、同事接触和联系，减少孤独和隔离。

04 大型灾难发生后，我虽然不是亲历者，但也觉得无助、焦虑、抑郁，怎么办？

案例呈现

小王最近一打开微博热搜就是负面新闻，偏偏又忍不住要点开看看，看着那些令人心碎的图片和视频，她觉得非常难过，甚至有些沮丧和焦虑，连睡眠都出现了障碍。明明一直在安慰自己灾难离自己很远，但还是忍不住去想。

案例分析

心理学家们研究发现，灾难除了对亲历现场的人有创伤后应激障碍（PTSD）之类的心理问题外，对相隔数千公里外居民的心理健康也会产生负面影响。电视与社交媒体拉近了人们心理上与那些灾祸的距离，即使没有亲历现场，依然会因为远方的灾难而焦虑不安。尤其对本身就承受着种种压力源负担的人群而言，大量接触社交媒体上的灾难画面，会让已有的难受感觉雪上加霜，甚至出现类似 PTSD 的效应。共情能力比较高的个体更容易受到影响。

咨询师建议

（1）媒体的报道应有所克制，以避免灾难对民众的心理伤害。

（2）理解灾难报道的正面作用。汶川地震有关的研究显示，虽然观看灾难相关的电视节目会让人们感知到压力上升，但它同样与帮助灾民的意愿有着正相关。

（3）要学会“避让”。避开的是坏消息，而不是我们的同理心。避让是对身体与心灵的保养和维护，它能让我们把同理心留到它能真正发挥作用的时刻。

05 后疫情时代，员工的应急心理管理该怎么做？

案例呈现

为落实疫情防控和供电保障工作要求，每一波疫情来临，小张所在的供电所都要争分夺秒地为核酸检测点架设照明设施，派驻应急发电车、保电人员 24 小时蹲守现场保电，以及对政府部门、核酸检测点、定点医院等重点场所供电设备进行特巡。抗疫期间，小张和同事们的工作强度大，常感到疲惫、恐惧和焦虑，对疫情感到无助。

案例分析

参与抗疫一线相关工作的人员，由于工作环境的特殊性和角色任务的紧迫性，会使他们产生一系列的心理应激反应。世界卫生组织调查显示，重大突发事件之后，30%~50% 的一线救援人员会出现不同程度的心理失调。

咨询师建议

（1）这部分人员迫切需要专业的心理干预支持。通过专业的压力模拟训练，提升参与救援相关工作人员在特殊状态下的心理危机应对能力和心理救援能力。

（2）定期对参与应急救援的人员进行心理体检，及时发现创伤后应激障碍者并予以治疗。

06　疫情期间，面对突如其来的集中隔离，应该如何调整心态？

案例呈现

2022 年的一轮奥密克戎疫情中，老沈所在的某电力生产园区一夜间有几百位职工的健康码由绿码变为红码，并被要求集中隔离。不少员工出现了挫败、紧张、无助的情绪反应。

案例分析

被告知要隔离，出现负面情绪是正常的。适度焦虑有助于度过危机。

咨询师建议

积极调整好心态，慢慢让自己学会独处。

★每天开窗通风，保持适当运动，增强抵抗力。

★看书写字、听音乐观剧、写日志，让独处生活变得丰富多彩。

★和家人及亲朋好友打电话、视频聊天，与外界保持联系。

★通过官方渠道获取真实信息，不信谣不传谣，科学认识防疫知识。

附录　让心情变好的60件事

—— 让心情变好的60件事 ——

- 爱惜资源
- 体验一次搭车
- 保持对风向的敏感
- 不戳破他人的伪装
- 保持平衡
- 捐一点爱心给陌生人
- 请竞争对手喝茶
- 让工位更整洁
- 每年更新履历，打印保存
- 换个唇色
- 做一次志愿者
- 享受一个人吃饭
- 跑步，感受自己的体重
- 给自己订花
- 修剪花草
- 保持皮肤清洁
- 收留朋友的宠物一周
- 对就餐环境“挑剔”一些
- 看舞台剧
- 练出马甲线
- 让他人发表意见
- 在阳台养花
- 正视每一笔小收益
- 睡前阅读半小时
- 制造新鲜感
- 买份保险，让自己更独立
- 团建CS
- 去冷门景点
- 整理通讯录
- 办公远离床

- 在图书馆闲坐
- 听父母讲他们的故事
- 喝点热饮再开工
- 早起 15 分钟
- 分享业务经验
- 感谢辛苦工作的自己
- 每月一部经典电影
- 加班，但不熬夜
- 远离“丧”人群
- 学会一项技能
- 允许自己懒一天
- 远到郊区躲清静
- 去有水的地方读诗
- 认真读自己的体检报告
- 用软装修让家变样
- 把心情写出来
- 偶尔借用甜食的力量
- 对着镜子跳舞
- 每年一套新餐具
- 唱复古的歌给自己听
- 尊重他人的审美
- 接纳新鲜事物
- 观察“第一个吃螃蟹的人”
- 定制战袍
- 尝试做一道新菜
- 尝试画一幅画
- 制作一本图片剪贴簿
- 按摩也能舒缓情绪
- 给很久没联系的亲人打电话
- 户外看云

参考文献

[1] 傅安球 . 心理咨询师培训教程 [M]. 上海：华东师范大学出版社，2006.

[2] 理查德 · 格里格，菲利普 · 津巴多 . 心理学与生活 [M]. 北京：人民邮电出版社，2014.

[3] GeraldCorey，科里，谭晨 . 心理咨询与治疗的理论及实践 [M]. 北京：中国轻工业出版社，2010.

[4] 朱莉 · 卡塔拉诺（Julie Catalano），亚伦 · 卡明（Karmin LCPC, Aaron）. 情绪管理：管理情绪，而不是被情绪管理 [M]. 北京：中国青年出版社，2020.